BEI GRIN MACHT SICH IHR WISSEN BEZAHLT

- Wir veröffentlichen Ihre Hausarbeit,
  Bachelor- und Masterarbeit

- Ihr eigenes eBook und Buch -
  weltweit in allen wichtigen Shops

- Verdienen Sie an jedem Verkauf

Jetzt bei www.GRIN.com hochladen
und kostenlos publizieren

Bibliografische Information der Deutschen Nationalbibliothek:

Die Deutsche Bibliothek verzeichnet diese Publikation in der Deutschen National-
bibliografie; detaillierte bibliografische Daten sind im Internet über http://dnb.d-
nb.de/ abrufbar.

Impressum:

Copyright © 2007 GRIN Verlag, Open Publishing GmbH
Druck und Bindung: Books on Demand GmbH, Norderstedt Germany
ISBN: 978-3-656-82492-3

Dieses Buch bei GRIN:

http://www.grin.com/de/e-book/133479/bacnet-kommunikationsstandard-fuer-
gebaeudeautomatisierungssysteme

Simon Hemstreit

BACnet. Kommunikationsstandard für Gebäudeautomatisierungssysteme

GRIN Verlag

SEMESTERARBEIT

Automatisierung technischer Prozesse 2

BACnet

Kommunikationsstandard für Gebäudeautomatisierungssysteme

ausgeführt am

Fachhochschul-Studiengang
Technisches Projekt- und Prozessmanagement

durch

Simon Hemstreit

KURZFASSUNG

Dieses Dokument dient als Information über den Kommunikationsstandard BACnet in Gebäudeautomatisierungssystemen und soll einen Überblick über die Eigenschaften des Systems bieten.

In den nachfolgenden Abschnitten werden die erforderlichen Begriffe zur Erklärung des Kommunikationsprotokolls sowie deren Normierung und Funktionsweise erklärt. Es wird näher gebracht wie der Kommunikationsstandard funktioniert und wie dieser sichergestellt werden kann. Weiters wird erläutert wie eine Systemkopplung zwischen BACnet konformer Geräte funktioniert und welche Anbieter diese Art der offenen Datenkommunikation zur Verfügung stellen.

Nicht Ziel dieser Arbeit ist es auf detaillierte technische Eigenschaften der Kommunikationsmedien des Bussystems sowie die Beleuchtung der digitalen Informationsverarbeitung auf Bitübertragungsebene. Diese Daten können bei Bedarf aus den entsprechenden Normen (siehe Anhang) und facheinschlägiger Literatur entnommen werden.

ABKÜRZUNGSVERZEICHNIS

ANSI
American National Standards Institute (ANSI) (US-amerikanische Stelle zur Normierung industrieller Verfahrensweisen)

ASHRAE
American Society of Heating, Refrigerating and Air-Conditioning Engineers (US-amerikanische Gesellschaft für Heizungs-, Kühlungs- und Luftkonditionierungstechnik)

BACnet
Data Communication Protocol for Building Automation and Control Networks (Kommunikations-Protokoll für Datennetze der Gebäudeautomation und Gebäuderegelung)

BIBB
BACnet Interoperability Building Block (BACnet Interoperabilitätsbaustein)

BIG
BACnet Interest Group (BACnet Interessensvertretung)

BMA
BACnet Manufacturer Association (BACnet Herstellervereinigung)

BTL
BACnet Testing Labors

CD
Collision Detection (Kollisionsdetektion)

CEN
Comité Européen de Normalisation (Europäische Komitee für Normung)

CSMA
Carrier Sense Multiple Access (Mehrfachzugriff mit Trägerprüfung)

Device
Gerät, Einheit

DIN
Deutsches Institut für Normung

GA
Gebäudeautomatisierung

HLK
Heizungs-, Lüftungs- und Klimatechnik in der technischen Gebäudeausrüstung

ISO
International Organisation for Standardisation (Internationale Organisation für Normung)

IOB
Interoperabilitätsbereich

MS/TP
Master-Slave/Token-Passing

OSI-Modell
Open Systems Interconnection Modell (auch ISO-OSI-Schichtmodell)

PICS   Protocol   Implementation   Conformance   Statement
            (Konformitätsbescheiningung der Protokoll-Implementierung)

PTP   Point To Point (Punkt zu Punkt bzw. Punktsteuerung)

ANSI

ASHRAE

B-AAC

BACnet

BACnet-Kommunikationsobjekt

B-ASC

B-BC

B-GW

BIBB

BIG

B-OWS

B-SA

B-SS

BTL-Logo

CEN

Datenpunkt

DIN

Interoperabilität

IOB

ISO

PICS

Properties

INHALTSVERZEICHNIS

1. EINLEITUNG

Im ersten Kapitel wird die Problemstellung zum Arbeitsthema erläutert und die Motivation zur Problemlösung beschrieben.

In den Unterkapiteln wird die die Technologie BACnet (siehe Logo in Abbildung 1-1) beschrieben und ein grundsätzlicher Aufbau des Kommunikationsstandards durch Klärung von einschlägigen Begrifflichkeiten und Erläuterung von Normierungen näher gebracht.

Abbildung 1-1: BACnet Logo [BIG07]

1.1 Problemstellung und Motivation

Die Vielfalt an Herstellern und das daraus folgende Überangebot an porpritären Kommunikationsprotokollen in der Gebäudeautomatisierung stellt die Anforderung an neue Steuerungs- und Regelungseinheiten. Geräte die in diesem Einsatzbereich in Anwendung kommen, sollen eine einheitliche Kommunikationstechnik in den Vordergrund zu stellen.

Die Anforderung an eingesetzte Geräte die diesen Kommunikationsstandard verwenden ist, unbeachtet der Herstellungsherkunft, in Systeme anderer haustechnischer Gewerke und in Systeme von Drittherstellen vollständig integriert werden zu können. Diese Integrationen sind nicht fähig ohne standardisierte Kommunikationsprotokolle diese Anforderungen vollständig zu erfüllen. Im Gegensatz zu einer offenen Struktur sind Anbindungen zwischen Systemen nur sehr aufwendig mit Schnittstellen und teilweise enormen Dienstleistungsaufwand realisierbar, verschiedenste Systeme sind untereinander bis zum heutigen Zeitpunkt (Bezugszeitpunkt Oktober 2007) überhaupt nicht kompatibel.

Die Motivation ein offenes Kommunikationsprotokoll im bestehenden Markt zu etablieren verschafft allen Partnern im Geschäftsfeld Vorteile. Ein Vorteil für den Endnutzer ist es, nicht an ein und dasselbe System gebunden zu sein und auch unabhängige elektronische Gebäudeausrüstungssysteme (wie z.B. Medientechnik, Liststeuerungen, usw.) über ein und dieselbe Leitstation organisieren und bedienen zu können. Für Anbieter mit offenem Bus-Standard ist einen Wettbewerbsvorteil gegenüber Firmen, die dieses Service nicht anbieten die Möglichkeit zwischen Systemen von Zweit- oder Drittherstellern bidirektionalen Datentransfer herstellen zu können ohne an die Anwesenheit oder Kostenaufwand der zu integrierenden Firma angewiesen zu sein. Dies sind nur die wichtigsten

Vorteile gegenüber firmenspezifischen Lösungen, es würde sich noch eine große Anzahl an anderen Vorteilen ergeben, die hier jedoch nicht aufgelistet werden.

Durch die Einführung von BACnet und die voranschreitende Durchdringung des Marktes ist ein entfernteres Ziel, nämlich die Schaffung einer offenen Entwicklungsplattform (vergleichbar mit Linux), greifbar geworden.

1.1.1 Einsatzbereiche von BACnet

BACnet wird vorrangig in der so genannten Gebäudeautomation eingesetzt und auch speziell für diese entwickelt. Unter Gebäudeautomatisierung versteht man alle Hardware und Software zur Steuerung, Regelung, Überwachung, Optimierung, Bedienung und Management von technischer Gebäudeausrüstung. Dies geschieht unter dem Augenmerk, dass Gebäudeautomatisierungssysteme durch Einsatz von entsprechenden Dienstleistungen effizienten, sicheren, ökonomisch und ökologisch sinnvollen Betrieb gewährleisten müssen(vgl. [Kra06]).

Unter Technischer Gebäudeausrüstung im Bezug auf den vorher genannten Einsatzbereich von BACnet sind folgende Teilsysteme in Gebäuden festgelegt:

- Elektrotechnik
- Lüftung und Klimatisierung
- Kälte- und Wärmeerzeugung und -verteilung
- Sanitär, Kalt- und Warmwasser
- Förderanlagen bzw. Transportanlagen
- Tür- und Torantriebssysteme
- Kommunikationssysteme
- Allgemeine Technische Einrichtungen (Reinräume, Werkstatt, usw.)
- Gefahrenmeldetechnik
- Zutrittskontrolle
- Mess-, Steuer- und Regelungstechnik für Gebäudeautomation

Durch BACnet werden diese unterschiedlichen Gewerke mit der Möglichkeit zur übergreifenden Integration in Gebäudeleittechniksystemen versehen.

BACnet ist Standard in der Management-, Automatisierungs- und Feldebene und kann daher durch Einsatz von unterschiedlichen, genormten Kommunikationsmedien (wie in Abbildung 2-1 feststellbar) in der kompletten Systemhierarchie eingesetzt werden. Durch den Einsatz der verschiedenen Medien können auch die in den jeweiligen Bereichen erforderlichen Datenübertragungsraten variiert werden.

1.1.2 Interoperabilität

Um BACnet definieren zu können ist es wichtig oft verwendete Begriffe zur Koppelung von verschiedenen Netzwerksystemen voneinander abzugrenzen. Der Begriff Interoperabilität ist für den BACnet-Standard, neben anderen Definitionen, das bedeutendste Vokabel um zwischen offenen und nicht- bzw. halboffenen Systemen unterscheiden zu können.

In der Fachliteratur und in Beschreibungen von Systemen sind die nachfolgenden Begriffe am häufigsten verwendet, jedoch ist die Bedeutung sehr unterschiedlich. Die Tabelle 1-1 soll die Unterschiede zwischen den einzelnen Wortbedeutungen hervorheben.

Tabelle 1-1: Begriffsunterscheidung Interoperabilität

Begriff	Bedeutung
Interoperabilität	Ist die Fähigkeit independenter, verschiedenartiger Systeme, sich möglichst fehlerlos untereinander zu verbinden, um Informationen auf effektive und nutzbare Art und Weise zur Verfügung zu stellen. Im Bezug auf BACnet ist das der Fall wenn diverse Geräte einstimmig ein Protokoll verwenden können.
Konnektivität	Die Verbindung oder die Eigenschaft einer Verbindung. Der Begriff wird verwendet um zu definieren, dass dasselbe Kommunikationsmedium ohne Beeinträchtigung der anderen Systemgeräte verwendet werden kann.
Kompatibilität	Die Ersetzbarkeit von Teilen eines Systems bzw. die Gleichwertigkeit von Eigenschaften von Systemkomponenten. Die Bauteile können dann ausgetauscht werden, da sie die gleiche oder einen ähnliche Bauform und dieselben Eigenschaften haben. Systeme sind "untereinander verträglich". Es sind meist Zusatzdefinitionen erforderlich um ineinandergreifende Systeme beschreiben zu können.

Aus der oben ersichtlichen Tabelle geht hervor, dass der Begriff der Interoperabilität den BACnet-Standard zugeschrieben wird und nicht mit den anderen Beschreibungen zu verwechseln ist. Die Interoperabilität ist vor der Erfindung von BACnet in der Gebäudetechnik in keiner vergleichbaren Form da gewesen. Daher ist die Interoperabilität auch so wichtig um ein offen zugängliches Kommunikationsprotokoll zu beschreiben.

Die Interoperabilität wird in der Gebäudeautomatisierung auf Datenpunkte angewendet. Der Datenpunkt ist der älteste und auch wichtigste Fachbegriff in der Gebäudetechnik. Der Begriff steht für eine Ein- oder Ausgabefunktion bestehend aus allen zugeordneten Funktionen und Informationen, die seine Bedeutung vollumfänglich beschreiben. Es gibt physikalische und virtuelle Datenpunkte. Ein physikalischer Datenpunkt ist die Hardwaremäßige Verbindung der Anlage mit dem Prozessautomatisierungssystem, wie zum Beispiel ein Fühler, der auf einer Analogeingabebaugruppe einer DDC-Steuerung angeschlossen ist. Ein virtueller Datenpunkt beschreibt das Ergebnis oder die Information über eine Rechen- oder Logikfunktion oder ist ein Bezug auf einen physikalischen Datenpunkt innerhalb eines Systemverbunds.

Im BACnet-Standard ist der Datenpunkt als BACnet-Kommunikationsobjekt vorhanden, der nachkommend in diesem Dokument interpretiert wird. Dieses Kommunikationsobjekt stellt einen Satz von eindeutig festgelegten und strukturierten Datenelementen, auch genannt Properties, im Kontext Gebäudeautomatisierung dar.

Properties werden in drei Klassen geteilt um alle erforderlichen Funktionen der Gebäudeautomatisierung realisieren zu können. Die erste Klasse, die normativ verbindlichen Properties, beschreibt die verbindlich von der Norm vorgeschriebenen eindeutigen Datenelementen, die unbedingt in jedem zertifizierten Gerät vorhanden sein müssen. Die zweite Klasse, die normativ optionalen Properties, werden ebenso durch die Norm festgelegt, sind jedoch nicht verbindlich in zertifizierten Geräten zu integrieren. Die dritte Klasse, die herstellerspezifischen Datenelemente, erlauben es den Herstellern spezielle Funktionen und Zusatzdienste anzubieten, diese sind meist Profile, die als freie Datentypen ausgeführt werden.

Weiters erfüllt der BACnet Standard erstmalig in der Gebäudeautomatisierung durch die Einhaltung der Kriterien für offene Systeme lt. DIN ISO/IEC 2382-26:1993 die Kriterien für eine echte offne Kommunikation. Die Kriterien lauten:

- Interoperabilität von Systemen und Anwendungen
- Portabilität von Anwendungen
- Einheitliche Oberfläche (auch Oberflächenkonsistenz)

Diese Kriterien sind durch die oben genannte Form gezwungen Dienste, Formate und Schnittstellen so zu implementieren, dass diese öffentlich und mit internationalen Normen vereinbar sind sodass diese durch einen offenen Konsens weiterentwickelt werden können. Die Implementierung der Interoperabilität und der Portabilität wird im Kapitel 2 näher erläutert (vgl. [ISO93]).

Im Zusammenhang mit der Interoperabilität von BACnet-Geräten häuft sich auch der Ausdruck native BACnet, der beschreibt das ein Gerät „native" (engl. Angeboren, gebürtig) sozusagen die „Sprache" BACnet als Muttersprache spricht. In der Informatik spricht man auch von einem „native code". Eine Festlegung über diesen Begriff ist jedoch bis zum Jahr 2005 in einer Norm noch nicht vorhanden und muß anhand von prüfbaren Kriterien (z.B. PICS und BIBBs, siehe Kapitel 2.1.5) vom jeweiligen Anbieter dokumentiert werden.

1.2 Aktuelle Situation

Dieser Abschnitt verfolgt das Ziel den derzeitigen Stand in dem Bereich des vor beschriebenen Kommunikationsstandards darzulegen. Es wird darauf eingegangen welche Standardisierungen es zum derzeitigen Zeitpunkt, Oktober 2007, gibt und welche Normen diesen zu Grunde liegen.

1.2.1 Anbieter und System-Offenheit

Unter den, im Kapitel 1.1 Problemstellung und Motivation beschriebenen Voraussetzung zur Einhaltung der Interoperabilität und den nachfolgend beschriebenen Normierungen sind weltweit und gewerbeübergreifend 215 Anbieter vorhanden. Diese Hersteller stellen den offenen Datentransferstandard BACnet gemäß den nachfolgend genannten Prüfkriterien zur Verfügung.

Betrachtet man den gesamten Kreis der Anbieter, die BACnet als Kommunikationsmedium zur Verfügung stellen oder anpreisen, sind diese ein Vielfaches von den oben genannten 215. Diese Manufakturen unterscheiden sich jedoch dadurch, dass diese die Einhaltung der Bedingungen zur uneingeschränkten Interoperabilität nicht erfüllen und nach wie vor nicht den Standard für das so genannte native BACnet nicht vollendend ausfüllen. Um diesen Standard sicherstellen zu können benötigen die Geräte ein Prüfzertifikat der BIG (siehe 2.1.5).

1.2.2 Normierung und Standardisierung

Die Entwicklung vom BACnet-Standard wurde im Juni 1987 von der ANSI gestartet und durch Bildung von internationalen Arbeitsgruppen zur Entwicklung der Standardisierung eine Einigung getroffen. BACnet wurde aufgrund der erarbeiteten Anforderungen durch ANSI als amerikanischer Standard in den ASHRAE/ANSI 135-1995 im Jahr 1995 als Standard auf Managementebene im US-amerikanischen Markt integriert. Die Normierung CEN als ENV 1805-1 (und als ENV 13321-1) wurde im europäischen Einsatzgebiet folgen dem US-amerikanischen Markt im Frühjahr 1998. Bis zum Jahr 2000 wird der BACnet-Standard um unzählige Funktionen bis zur Feldebene in den Normen erweitert und in die DIN EN ISO 16484-5 übernommen.

Durch die Übernahme des Standards in die Weltnorm entstehen in allen Kontinenten Plattformen und Interessensgruppen die den Standard weiterentwickeln. Die Erweiterungen des Standards werden durch Änderungsblätter in den entsprechenden Normen (bei der ASHRAE/ANSI sind dies Addendums) erweitert und müssen in bereits zertifizierte Geräte implementiert werden.

2. REALISIERUNG DES BACNET-STANDARDS

Die nachfolgenden Unterkapitel befassen sich mit der technischen Realisierung des Standards.

Zunächst werden die bereits vorher beschriebenen oberflächlichen Abgrenzungen des Standards anhand des OSI-Modells konkretisiert und der physikalische Netzwerkaufbau aufzeigt. Ein BACnet-Kommunikationsobjekt ist in diesem Teilabschnitt an Hand eines Fallbeispieles „Device" dargestellt um die Funktionsweise des Datenaustausches verständlich zu machen. Zuletzt ist die technische Sicherstellung der Offenheit des Systems beschrieben.

2.1 Spezifikation des Standards

Die BIG-EU bezeichnet den BACnet-Standard wie folgt:

„BACnet ist ein Kommunikations-Protokoll für Building Automation und Control Networks. Es ist für die Management- und die Automationsebene gleichermaßen geeignet, insbesondere für HLK, Lichtsteuerung, Sicherheit und Brandmeldetechnik. BACnet wurde von ASHRAE gemeinsam mit Endkunden und Planern erarbeitet und ist als ANSI-und CEN-Standard anerkannt. Die Protokoll-Architektur basiert auf vier Schichten des OSI-Modells: ..." [BIG07]

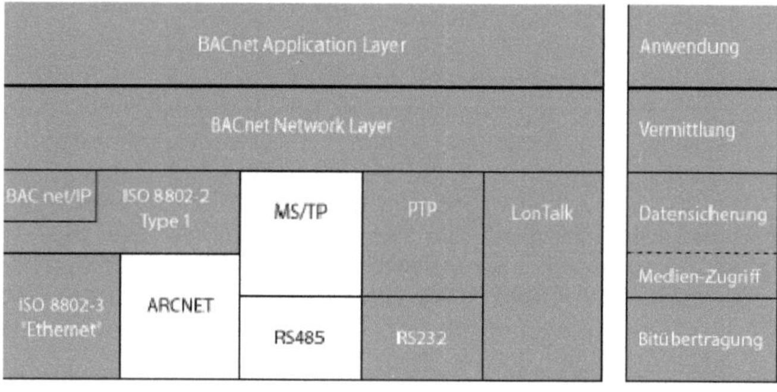

Abbildung 2-1: OSI-Modell des BACnet-Standards [BIG07]

Wie in der Abbildung 2-1 kann erkenntlich geschieht bereits auf der Bitübertragungsschicht eine Vorgabe, die festlegt dass nur fünf verschiedene Medien zur Übertragung verwendet werden dürfen. Die in der Abbildung weiß hinterlegten Kommunikationsmedien werden mehrheitlich in der industriellen Fertigung verwendet und selten in der Gebäudeautomatisierung eingesetzt.

2.1.1 Physikalische Übertragungsmedien

Bezug nehmend auf die Abbildung 2-1 dürfen folgende Übertragungsmedien vom Protokoll BACnet verwendet werden:

2.1.1.1 ARCNET

Das Attached Resources Computer Network wird hauptsächlich als Feldbus für lokale Netzwerke in Industriellen Fertigungsbetrieben verwendet. Die Überbrückung von größeren Distanzen ist mittels Lichtwellenleiter möglich. Die ACRNET-Technik ist vorwiegend im amerikanischen Raum vorhanden.

Erfinder, Jahr:	Datapoint, 1976
Standard:	ATA/ANSI 878.1
Nachrichtenlänge:	501 Bytes
Physikalische Übertragung:	10Base2-Ethernet
Mögliche Medien:	Koax, CAT, LWL, Funk
Standardisierte Steckverbindungen:	RJ-45, SC, ST, LC, E2000
Topologie:	Bus, Stern, Baum
Zugriffsverfahren:	Token Passing/Handshake
Übertragungsrate:	156 kbit/s - 7,5 Mbit/s

2.1.1.2 Ethernet

Ethernet ist ein Bussystem das sehr verbreitet in Gebäuden ist und universell für Datenübertragung jeglicher Art verwendet wird. Ethernet kann sowohl kleiner Distanzen via Kupfer als auch große Distanzen via Lichtwellenleiter bewältigen. Ein weiteres Merkmal ist die große Datenrate und die internationale Legitimität.

Erfinder, Jahr:	Xerox Palo Alto Research Center, 1973
Standard:	ISO/IEC 8802-3
Nachrichtenlänge:	1497 Bytes
Physikalische Übertragung:	10/100/1000Base-T-Ethernet
Mögliche Medien:	Koax, CAT, LWL, Funk
Standardisierte Steckverbindungen:	RJ-45, SC, ST, LC, E2000
Topologie:	Bus, Stern, Baum
Zugriffsverfahren:	CSMA/CD
Übertragungsrate:	10 Mbit/s bis 100 Mbit/s

2.1.1.3 RS-232

Das Radio Sector 232-Protokoll wird hauptsächlich in PTP-Kommunikation über kurze Übertragungsdistanzen oder Modemverbindungen verwendet und hat nur beschränkte Geschwindigkeit.

Erfinder, Jahr:	Electronic Industries Alliance, 1963
Standard:	EIA RS 232-C
Nachrichtenlänge:	501 Bytes
Physikalische Übertragung:	asynchron, bitseriell
Mögliche Medien:	RS-232
Standardisierte Steckverbindungen:	RS-232, V.24, V.28
Topologie:	PTP
Zugriffsverfahren:	Handshake
Übertragungsrate:	9,6 kbit/s bis zu 56 kbit/s

2.1.1.4 RS-485

Das Radio Sector 485-Protokoll wird insbesondere in Bus-Kommunikation verwendet und ist auf maximal 32 Teilnehmer je Segment limitiert und ist in der Geschwindigkeit relativ begrenzt. Die RS-485-Verbindung wird eher in Low-Cost Systemen eingesetzt.

Erfinder:	Electronic Industries Alliance 1965
Standard:	EIA RS 485 und ISO 16484-5
Nachrichtenlänge:	501 Bytes
Physikalische Übertragung:	asynchron, bitseriell
Mögliche Medien:	RS-485
Standardisierte Steckverbindungen:	RS-485
Topologie:	MS/TP
Zugriffsverfahren:	Master/Slave
Übertragungsrate:	9,6 kbit/s bis zu 78,4 Mbit/s

2.1.1.5 LonTalk

Das Local Operating Network-Protokoll wird typischer Weise in Feldbus-Kommunikation verwendet. Charakteristisch sind die Lizenzkosten für die Bus-Teilnehmer (Lon-Knoten) und die begrenzte Netzwerkreichweite (ca. 900m, abhängig von der Topologie) sowie die limitierte Geschwindigkeit.

Erfinder:	Echelon Corporation 1990
Standard:	EIA/CEA 709.1-B
	(geplant EN 14908-x)
Nachrichtenlänge:	228 Bytes
Physikalische Übertragung:	asynchron, bitseriell
Mögliche Medien:	CAT, J-Y(St)Y-2x2x0,8
Standardisierte Steckverbindungen:	RJ-45, CAT
Topologie:	Bus, Stern, Baum und freie Topologie
Zugriffsverfahren:	CSMA mit optionaler CD
Übertragungsrate:	4,8 kbit/s bis 1,25 Mbit/s

Bei den aufgezählten Medien zur Übertragung werden im Europäischen Raum vorwiegend LonTalk auf Feld- und Ethernet als auch Lon Talk auf Managementebene als Übertragungsglieder angewendet.

2.1.2 Netzwerkaufbau

Der Netzwerkaufbau unter Gebrauch von BACnet-Geräten ist von der Management- bis zur Feldebene möglich. Der Netzwerkaufbau im GA-System besteht aus drei Ebenen. Die Abbildung 2-2 zeigt alle diese Ebenen des Systems.

Die Managementebene ist die Leit- und Bedienebene des Systems. Über diese Ebene ereignet sich die Bedienung und Überwachung der kompletten unterlagerten Automatisierungssysteme und aller angeschlossener Komponenten und Kommunikationsobjekte. In dieser Stufe sind Bedienstationen, Bediengeräte, Programmiereinheiten und Verarbeitungseinheiten vorhanden, die eigenständig arbeiten aber über Datenschnittstellen untereinander kommunizieren.

In der Automatisierungs- und Feldebene wird BACnet zur Verbindung der einzelnen Geräte eingesetzt. In der Automatisierungsebene sind prozeßverarbeitende Stationen eingesetzt, die physikalische und virtuelle Datenpunkte der unterlagerten Feldbussysteme verarbeiten. Die Weiterleitung der Daten erfolgt zeitgesteuert oder zustandsänderungsorientiert (COV/COS, Change of Value/Change of State) um die Datenbelastung des Netzwerks zu minimieren. Über diese Ebene sind meist autarke und fremde Bussysteme in das GA-System eingebunden.

Die Feldebene unterscheidet sich von der Automatisierungsebene durch die Komplexität der Einheiten und durch den unterschiedlichen Aufwand von Kommunikationsmedien. Meist werden hier auch Kommunikationsprotokolle Konnex und LonMark angewendet.

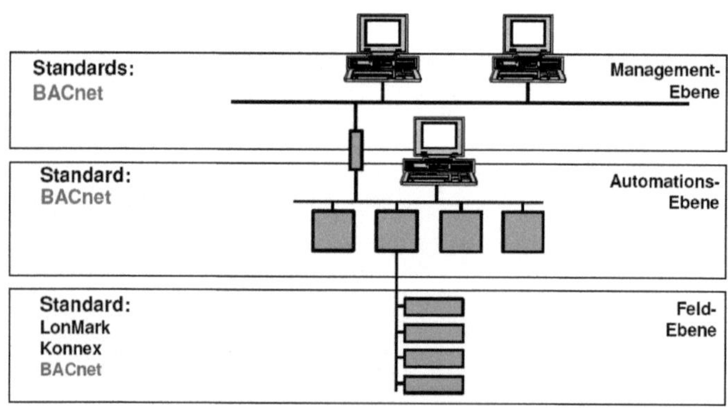

Abbildung 2-2: Netzwerkaufbau GA-Systeme [BIG07]

Der Topologieaufbau des Systems ist abhängig vom eingesetzte Medium und der technischen Systemanforderung. Zusammenfassend sind im BACnet-System alle bekannten Netzwerktopologien anwendbar, jedoch beschränkt sich ein System meist auf den Einsatz von ein oder zwei verschiedenen Netzwerkmedien.

2.1.3 Darstellung von Daten auf BACnet

Wie bereits in Kapitel 1.1.2 beleuchtet arbeitet das BACnet-Protokoll mit Datenpunkten, die als Kommunikationsobjekte auf dem Bus-Netzwerk in einer offnen Form zur Verfügung stehen. Die Darstellung der Kommunikationsobjekte erfolgt in verschiedenen Objekttypen mit streng festgelegten Eigenschaften, die mit ebenso streng festgelegten Datentypen und Inhalten definiert sind.

Diese Objekttypen, die in der Informatik als gleichnamige Objekte einer Klasse programmiert sind, haben dieselben Attribute und Methoden. Durch die Veränderungen der Attributwerte von Objekten werden Prozeßdaten auf dem Kommunikationsmedium abgebildet. Die zulässigen Grunddatentypen, die im BACnet-Protokoll verwendet werden dürfen, sind in der Tabelle 2-1 dargestellt.

Tabelle 2-1: Grunddatentypen BACnet [Kra06]

Datentyp	Inhalt
NULL	8 Bit-Okett mit Wert 0
Boolean	Boolsche (logische Variablen) B'000' = „FALSE" B'001' = „TRUE"
Unsigned	Positive Werte zu 8, 16 und 32 Bit
Unsigned8	Werte von 0 bis 255
Unsigned16	Werte von 0 bis 65.353
Unsigned32	Werte von 0 bis 4.294.967.295
-Integer	Ganzzahlige Werte zu 8, 16 und 32 Bit
-REAL (Floating-Pont)	32-Bit Zahl gem. IEEE-754 (einfache Präzision)
-Double	Okett-String (doppelte Präzision)
Ocet String	In vielfachen eines Oketts (8 bit) codierter String
Character string	String aus ACII-Zeichen, Länge variabel
Bit-String	Bitweise codierter String, Länge variabel
Enumerated	Auflistung in Oketts
Date	Kalenderdatum mit Tag, Monat, Jahr und Wochentag
Time	Uhrzeit im 24h-Format

Kompatibilität Geräten verschiedener Hersteller ist existent, wenn sich alle am Projekt beteiligten Partner auf bestimmte von der Norm definierte BIBBs einigen. Ein BIBB (BACnet Interoperabilitätsbaustein) definiert, welche Services und Prozeduren unterstützt werden müssen, um eine gewisse Forderung des Systems ausführen zu können. Die BACnet BIBBs sind eine Sammlung an BACnet-Diensten, die in Form von A- und B-Devices beschrieben werden:

- A-Device: Dieses Gerät hat Clientfunktion und ist der Nutzer bzw. Anforderer von Daten
- B-Device: funktioniert als Server und ist Datenquelle bzw. Bereithalter von Information

BACnet arbeitet mit dieser Client-Server Strategie um interoperable Operationen innerhalb eines Netzwerks auszuführen. Das Prinzip der BIBBs ist, dass jedes Gerät, das in Interaktion mit anderen Geräten tritt, diese als Client als auch als Server beschreiben können.

Im nachfolgenden Modell läßt sich die Funktionsweise beschreiben: Es existiert ein Temperaturfühler, dessen Meßwert als Property bzw. Datenelement in einem Kommunikationsobjekt abgebildet wird. Eine Softwarefunktion für die Ansteuerung eines Stellgeräts benötigt den Temperaturmeßwert um eine bestimmte Funktion ausführen zu können und schickt eine Anfrage in das Netzwerksystem. In diesem Falle ist die Einheit, die den Temperaturfühlermeßwert als Property in einem BACnet-Objekt zur Verfügung stellt der Server.

Da der Server interoperabel ist, führt dieser die Leseanforderung des Geräts, das die Aufgabe hat das Stellgerät zu betätigen (in diesem Fall der Client), aus. Die Antwort - nämlich der Meßwert - wird vom Server gesendet und durch den Datenanschluß des Client gelesen. Das BIBB, das die Funktion im Server ausführt wird als „DS-RB-B" bezeichnet, das BIBB, das die Funktion im Client beschreibt nennt man „DS-RP-A". Die Abzeichnung „DS" steht hier für Datentausch (data sharing), „RB" steht für das lesen des Datenelements (read property) und A und B stehen für die oben genannte Client- bzw. Serverfunktion.

Die BIBBs, die laut Norm definiert sind müssen von beiden Devices erkannt und verarbeitet werden können. Die BIBBS enthalten die vor beschriebenen Properties für die zu erfüllende Funktion im GA-System. Solche BIBBs wurden für eine große Anzahl an interoperablen Zugriffen geschaffen. Es gibt etwa 42 Interoperabilitätsbausteine, die alle erforderlichen Funktionen eines GA-Systems abdecken. Sind für spezielle Zwecke weiter BIBBs erforderlich, müssen diese im Netzwerkverbund mit den vorher genannten Beschränkungen (Grunddatentypen und Properties), sofern möglich, realisiert werden und offen zur Verfügung stehen.

Am Fallbeispiel Zählwert-Eingabe Objekt (siehe Tabelle 2-2) ist ein Objekt ersichtlich, dass die Properties eines Mess-Impulszähler spezifiziert.

Tabelle 2-2: Fallbeispiel Mess-Impulszähler BIBB [Kra06]

Property	R/W/O	Information
Object_Identifier	R	Zählwert, Instanz 1
Object_Name	R	G1-EAV01-BU1-01-BUERO-Mieter-1
Object_Type	R	ACCUMULATOR
Present_Value	R1	323
Desription	O	"Geb 1 Elektro Allg. Stromvers. Büro 1"
Device_Type	O	"kWh Zähler Impuls"
Status_Flags	R	{0,0,0,0} kein Fehler, alle Status "FALSE"
Event_State	R	NORMAL
Reliability	O	"kein Fehler erkannt" weitere: "Aderbruch", "Alarm", "Fehler", "kein Signal" usw.
Out_Of_Service	R	"0" nicht ausser Betrieb
Scale	R	2 Multiplikationsfaktor für Impulse → kWh
Units	R	KILOWATT_STUNDEN
Prescale	O	„1,10000" Koeffizient für Impulswert-Verhältn.
Max_Pres_Value	R	99999 obere Zählwertgrenze
Value_Change_Time	O2	23-MRZ-07, 18:50:21.3
Value_Before_Change	O2,3	0
Value_Set	O2,3	67 Voreinstellung
Loging_Record	O	23-MRZ-07, 17:32:37.7, 120, 1, NORMAL
Logging_Object	O	Trend Log zur Aufzeichnung
Pulse_Rate	O1,4	3 Anzahl der Impulse
High_Limit	O4	15 Maximalwert
Low_Limit	O4	0 Minimalwert
Limit_Monitoring_Interval	O4	300 Erfassungsperiode 5 Minuten
Notification_Class	O4	3 Meldungsklasse
Time_Delay	O4	10 Zeitverzögerung 10 Sekunden
Limit_Enable	O4	{1,0} Freigabe oberer Grenzwert
Event_Enable	O4	{1,0,1} Freigabe Zustandswechsel
Acked_Transmisions	O4	{1,1,1} erfolgte Quittierungen der obigen Zustandswechsel
Notify_Type	O4	ALARM
Event_Time_Stamps	O4	23-MRZ-07 17:56:55.9, …
Profile_Name	O	999-HAK_CCI_Zähler

In der Zweiten Spalte sind die Eigenschaften des Objekts in Form von Read, Write und Optional (R/W/O) festgehalten. Die Zusatzbezeichnungen sind in Tabelle 2-3 erklärt.

Tabelle 2-3: Erläuterung der Zusatzbezeichnungen

1	Property muß beschreibbar werden, wenn das „Property Out_Of_Service" TRUE ist.
2	Diese Properties sind erforderlich, wenn „Value_Before_Change" oder „Value_Set" beschreibbar sind
3	Entweder der Wert von „Value_Before_Change" oder „Value_Set" dürfen schreibbar sein, aber nicht beide gleichzeitig
4	Diese Properties sind erforderlich, wenn das Objekt das Objektinterne Melden von Zuständen unterstützt

Die in Tabelle 2-2 blau gekennzeichneten Wörter dienen lediglich zur Beschreibung der Informationen und sind nicht Gegenstand des Objekts.

Wenn man das Datenelement „Object_Identifier" aus der Tabelle 2-2 näher untersucht wird die Darstellung der Daten via BACnet klar. Es stellt einen numerischen Code dar, der zur Identifizierung des angeschlossenen Geräts verwendet wird. Dieser Code muß gemäß Norm im genannten Impulszähler-Element einzigartig sein. Gemeinsam mit dem „Object_Identifier" des Kommunikationsobjekt und der eindeutig festgelegten Netzwerkadresse entsteht eine eindeutige Zuordnung jedes Gegenstandes im Netzwerk.

Alle anderen angeführten Datenelemente des BACnet-Kommunikationsobjekts funktionieren in der gleichen Weise und müssen anhand der Begrenzungen laut Tabelle 2-1 aus bestimmten Grunddatentypen bestehen. Somit entsteht aus einem Datenpunkt eine Fülle an Informationen, die lokal und autark als auch im Systemverbund mit anderen Geräten funktioniert.

Laut DIN EN ISO 16484-5 bzw. 16484-3 (deutsch) gibt es folgende Objekttypen, die den Herstellern von der Norm aus zur Verfügung stehen: Zählwert-Eingabe, Analoge Eingabe, Analoge Ausgabe, Analogwert, Mittelwert, Binäre Eingabe, Binäre Ausgabe, Binärwert, Betriebskalender, Gruppenauftrag, Device, Ereigniskategorie, Ereignis-Aufzeichnung, Datei, Globale Gruppeneingabe, Gruppeneingabe, Gefahrenmelder, Sicherheitsbereich, Regler, Mehrstufige Eingabe, Mehrstufige Ausgabe, Mehrstufiger Wert, Meldungsklasse, Programmzugriff, Impulszähler Eingabe, Zeitplan, Trendaufzeichnung und Mehrfachtrendaufzeichnung (vgl. [DIN05]).

2.1.4 Die BACnet Device-Profile

Der Standard BACnet ist neben den vor angeführten Anforderungen zusätzlich mit vereinheitlichten Gerätetypen versehen. Jede Einrichtung, die in einem BACnet-Netzwerk eingesetzt ist muß dem Profil eines dieser Gerätetypen zugeordnet sein und dessen Mindestanforderung erfüllen. Zusätzliche Funktionen sind in den PICS (siehe 2.1.5) anzugeben.

BACnet Device Profile werden über sogenannte IOB (Interoperabilitätsbereiche) definiert. In der Norm sind für die gemeinsame Datennutzung (DS für engl. „data sharing"), Alarm- und Ereignisverarbeitung (AE für engl. „alarm and event"), Zeitplan (SHED für engl. „scheduling"), Trendaufzeichnung (T für engl. „trending") sowie Device- und Netzwerkmanagement (DM) genaue Verarbeitungs- und Darstellungsvorschriften enthalten. Jeder Interoperabilitätsbereich stellt Client (Anforderer) und Server (Bereitsteller) BIBBs zur Verfügung.

DS - data sharing regelt das systemweite Übertragen und Verarbeiten von Daten fest. Es wird zur Fixierung folgender Parameter gebraucht:

- Illustration von Datenpunktinformationen
- Sollwert- und Parameteränderungen
- zur Archivierung von Informationen
- Anlagenbedienung über die Leittechnik
- Beobachtung und Änderung von Objekteigenschaften
- Übertragung allgemeiner Daten
- zur Querkommunikation (PTP)

Datentransfers werden entweder per schreibe/lese-Aufträgen oder COV bzw. COS durchgeführt.

AE - alarm and event regelt Alarm und Ereignishandhabung durch Definition von:

- Darstellung und Handhabung von Alarm- und anderen Ereignissen
- Art der Quittierung
- Art der Reaktion
- Meldungs- und Protokollierungsvorschriften
- Weiterleitung (routing)
- Zeiterfassung bei auftretenden Ereignissen

Diese Funktionen gelten sowohl für analoge und binäre Ein- und Ausgabeeinheiten als auch für Funktionen, die über die Software gemacht werden (z.B. Grenzwerte).

Im SCHED-Bereich sind die Zeitprogrammoptionen vorhanden. Es wird zwischen zwei Typen unterschieden: Wochenplan und Sonderzeitplan. Über das Zeitprogramm werden Aktionen und Betriebsstufen reguliert.

Die Trendaufzeichnung (T) unterstützt die Darstellung von Meßdaten in Trendkurven (Zeit/Wert-Diagramme) mit einstellbaren Abgreifzeiträumen und Zeiträumen. Die Abfrage der Daten kann entweder nach einer fixen Rate oder nach dem COV/COS-Prinzip erfolgen.

DM gibt Informationen über Gerätestatus, Kommunikationsfehlfunktionen, Synchronisation mit der System-Uhr, Remotebedienung, Datenrücksicherung und Konfigurationsdaten von BACnet-Devices. Das Netzwerkmanagement ist die verbindende Funktion zwischen BACnet-Device Profilen und den unterlagerten BIBBs. DM ist wesentlich für die Datenkommunikation, da hier die Netzwerkadressierung erfolgt.

Die BACnet Device-Profile sind durch Abkürzungen in der Norm aufgelistet. Dies sind insbesondere:

2.1.4.1 B-OWS - BACnet Operator Workstation

Ist eine Leittechnikzentrale als Schnittstelle zur Bedienung und Beobachten des Systems. Obgleich die B-OWS hauptsächlich als Client arbeitet, können über die Bedienzentrale auch Funktionen zur Konfiguration und Parametrierung des unterlagerten Controllersystems verwendet werden.

Die Zentrale ist normalerweise nicht dazu da Steuer- und Regelungsaufgaben zu verwirklichen. In der Norm sind die detailierten Aufgaben DS, AE, SCHED, T und DM festgehalten.

2.1.4.2 B-BC - BACnet Building Controller

Der B-BC ist eine Automatisierungsstation, die multifunktional in der Gebäudetechnik eingesetzt werden kann. Der Controller ist frei programmierbar und führt im Betrieb Mess-, Steuer-, Regelungs- und Optimierungsaufgaben durch. Er ist verantwortlich für den korrekten Empfang und der Verarbeitung von Informationen. Für die Datennutzung von außen sind die Funktionen DS, AE, SCHED, T und DM im Standard festgelegt.

2.1.4.3 B-AAC - BACnet Advanced Application Controller

B-AACs sind im Gegensatz zu den Building Controllern für spezielle Anwendungen konfigurierbar. Diese Controller-Type ist hauptsächlich für Herstellerspezifische Funktionen im Einsatz. Außerhalb des Controllers sind Daten nur als Informationswerte lesbar, die Verarbeitung der Informationen von außen ist nicht beeinflussbar. Dese Geräte müssen sich an Vorschriften der Pakete DS, AE, SCHED, T und DM halten.

2.1.4.4 B-ASC - BACnet Application Specific Controller

Dies ist eine weitere Abwandlung des B-BC, welche sich hauptsächlich durch die geringeren Ressourcen unterscheidet. Im Gegensatz zu B-AACs können in dem Gerät implementierte, herstellerspezifische Programme über BIBBs parametriert werden. Die Fähigkeiten des Controllers sind (limitiert): DS, AE, SCHED, T und DM.

2.1.4.5 B-SA BACnet Smart Actuator

Ist ein Netzwerkfähiges Stellgerät im Feldbussegment, welches Funktionen für DS, AE, SCHED, T und DM ausführt.

2.1.4.6 B-SS BACnet Smart Sensor

Ist ein Netzwerkfähiges Messgerät im Feldbussegment, welches Funktionen für DS, AE, SCHED, T und DM ausführt.

2.1.4.7 B-GW BACnet Gateway

Dies ist das meist verwendete Device Profil, da Hersteller meist nur Schnittstellen zu porpritären Systemen zur Verfügung stellen. Die bidirektionale Datenübertragung zwischen diesen autarken Kommunikationsprotokollen und BACnet-Netzwerken muss über diese Institution erfolgen. Es sind ausführliche Definitionen für DS, AE, SCHED, T und DM geregelt um eine offene Kommunikation sicher zu stellen.

2.1.5 Sicherstellung der Konformität

Die Konformität von Produkten wird durch die Protokoll-Umsetzungsbestätigung PICS (Protocol Implemetation Conformance Statement) und der Zertifizierung der entsprechenden Eigenschaften der Devices mittels Kennzeichnung durch das BTL-Logos (siehe Abbildung 2-3) sichergestellt.

Abbildung 2-3: BTL-Logo [BIG07]

Das zuvor genannte PICS formuliert die Eignung des jeweiligen Gerätes in einem Verbund mit anderen BACnet-Geräten zu operieren. Diese Bestätigung ist vom Hersteller zu erstellen und öffentlich jeder interessierten Partei zur Verfügung zu stellen. Das PICS enthält eine Aufstellung und Erläuterung über alle Datenelemente und BIBBs, die durch das entsprechende Device ausgeführt werden.

„Ein vollständig ausgefülltes PICS enthält mindestens folgende Informationen über die Normenkonforme Unterstützung:

- Grundlegende Information über den Hersteller des Produkts;
- die BACnet-Interoperabilitätsbausteine die das Produkt unterstützt;
- das genormte Device-Profil, mit denen das Produkt übereinstimmt;
- Dienste, jeweils als Client und Server; tabellarisch werden die durch das jeweilige Device unterstützen BACnet-Dienste dargestellt. Siehe Kapitel 6 für die ausführliche Beschreibung dieser Dienste;
- eine Liste aller unterstützten BACnet-Objekttypen und der proprietären Objettypen;
  die Tabelle im PICS zeigt die unterstützten Objekttypen auf. Sie zeigt auch, inwieweit Objekte dynamisch erstellt und/oder gelöscht werden können, und weiter optional unterstützte Objekt-Properties sowie überschreibbare Properties;
- Standard- und optionale Properties aller unterstützten BACnet-Objekte;
- herstellerspezifische BACnet-Objekte und Erweiterung der Properties;
- Property-Bereichseinschränkungen; hier werden die zugelaßne Zahl der Zeichen, der für das Projekt vorgesehene Zeichensatz und die Inhalte von Text-Prperties, wie „Object_Name" und Objekt-Beschreibung („Descripion"), festgelegt;
- Alle nicht genormten Funktionen, Anwendungen und Dienste und wie diese mit BACnet zusammenarbeiten können;

- unterstützte physikalische Medien; hier werden die für die Kommunikation unterstützten Netzwerkkarten beschrieben, z.B. Ethernet/IP, Arcnet, LonTalk oder MS/TP, auch wenn diese virtuell unterstützt werden;
- ob segmentierte Daten gefordert oder unterstütz werden;
- spezifische Einstellparameter, wie Datenraten, zulässige Wertebereiche; hier werden alle speziellen Ausnahmen beschrieben, die eine Einrichtung gegenüber dem BACnet-Protokoll für spezifische Funktionen hat;
- unterstützte Zeichensätze (europäisch und/oder amerikanisch." [Kra06]

Die Konformitätsprüfung ist deshalb erforderlich, da der BACnet-Standard in der Weltnorm DIN EN ISO 16484-5 nicht spezifiziert, dass ein in Übereinstimmung mit der Norm entwickeltes Gerät diese bestätigt und gleichzeitig geprüft ist. Die Norm legt fest wie einzelne Datentransfers abgewickelt werden und die einzelnen Datenelemente zu deuten sind. Die direkte Umsetzung in die Geräte jedoch liegt in dem Ermessensspielraum der Entwickler und Hersteller.

Im Teil 6 der Weltnorm DIN EN ISO 16484-5 ist ein Testverfahren festgelegt worden um eine Umsetzung der Prüfung der Herstellerangaben qualitativ durchzuführen. In dem Test wird mit spezieller Software getestet ob die im PICS angegebenen Daten eingehalten werden und ob zusätzliche Angaben in einem Bezug zur Norm stehen. Wird der Test positiv abgeschlossen, wird durch die, von der BMA (BACnet Manufacturer Association) unabhängiger und von der BIG (BACnet Interest Group) autorisierter Test Labors die Zertifizierung erstellt. Die BTL (BACnet Testing Labors) erlaubt dem Hersteller somit das gleichnamige Logo, das BTL-Logo zu tragen und bestätigt somit die Offenheit der Systemkomponente. Gleichzeitig erfolgt öffentlich eine Eintragung in ein „Listing", das alle positiv getesteten Objekte darstellt. Diese Listing enthält Angaben über das Produkt, die Version, Datum des positiven Testabschlusses, die detaillierten Testwerte und die Angabe über die Testeinrichtung und Tester.

2.2 Hersteller von BACnet-konformen Geräten

Die Hersteller von zertifizierten Geräten sind wie vor beschrieben an die Vorgaben der Norm gebunden. Diese Geräte erlangen durch die Zertifizierung den Status von interoperablen BACnet-Devices. Neben den am Markt befindlichen, nicht zertifizierten Geräten gibt es folgende Hersteller, die diesen Standard unterstützen. In nachfolgender   sind diese Firmen und die entsprechenden Gerätezahlen angegeben:

Tabelle 2-4: Konforme Hersteller und Geräte

Hersteller	Anzahl / Art der zertifizierten Produktlinien
ABB Drives	1 / B-SA
Cylon Controls Limited	1 / B-GW
Delta Controls Inc.	38 / B-OWS, B-ASC, B-AAC, B-BC, B-SA, B-SS
Fr. Sauter AG	5 / B-BC
GFR – Ges.m.b.H.	3 / B-BC
Honeywell Building Solutions GmbH	3 / B-OWS, B-BC
Kieback & Peter GmbH & Co KG	1 / B-BC
Messner Gebäudetechnik GmbH	1 / B-GW
Neuberger	3 / B-OWS, B-BC
Plüth Regelsysteme GmbH	3 / B-OWS, B-GW
Saia-Burgess Controls AG	3 / B-BC, B-AAC, B-ASC
SE-ELEKTRONIC	1 / B-BC
Siemens AG	19 / B-OWS, B-ASC, B-AAC, B-BC
TAC GmbH	10 / B-BC, B-SA, B-SS
Wizcon Systems	2 / B-OWS

Die Zahl an Herstellen, die nicht zertifizierte Geräte auf Basis BACnet zur Verfügung stellen beläuft sich auf etwa fünfzig Firmen. Da die Forderung nach einer flexiblen Gebäudeautomation immer öfter gefordert ist gelangen jedoch nach und nach immer mehr BACnet- Geräte zur Zertifizierung und es werden immer mehr Geräte mit Kommunikationsschnittselle BACnet angeboten.

3. MARKT UND WEITERENTWICKLUNG

In der Zusammenfassung ist die Marktsituation bezüglich des Einsatzes der BACnet-Technologie beschrieben. In einem weiteren Abschnitt sind Zukunftsaussichten des Systems festgehalten.

Da im Markt die Technologie BACnet erst seit dem Jahr 2005 präsent ist sind die Hersteller von entsprechenden Geräten erst in der Startphase. Da die Technologie vor Aufnahme in die DIN EN ISO 16484-5 erst als Spekulation gehandelt wurde und nur einige Firmen aktiv an der Entwicklung von konkreten Produkten arbeiteten ist die Anzahl von Entwicklungen erst im Anfangsstadium.

3.1 Marktsituation

In Europa ist die BIG im Jahr 2007 durch mehr als 65 Mitglieder vertreten, die durch Planer, Firmen und Systemintegratoren zusammengesetzt sind. Maßgeblich beteiligt an der Umsetzung des Standards waren Planungsbüros und Hersteller, die durch eine Verpflichtung zur Förderung die Rahmenbedingungen für Produkte in Wirklichkeit umsetzten. Dies geschah aus der Kooperation mit dem internationalen, aber vorwiegend mit dem US-amerikanischen Markt.

Da es schon in Vergangenheit mehrere gescheiterte Versuche gab Bussysteme zu entwickeln, die universell einsetzbar sind, konnten jedoch nur einige Einrichtungen gefunden werden, die dieses System unterstützen. Da unter diesen Instanzen jedoch die maßgeblichen Marktführer erkannten, dass die Schaffung einer offenen Entwicklungsplattform zu erheblichen Vorteilen führt, konnte sich die Idee auch in Herstellerkreisen durchsetzten. Nun zählt man weltweit 215 Firmen, die Inhaber einer ASHREA Vendor ID (Genehmigung zur Herstellung von BACnet Geräten) sind.

3.2 Zukunftsaussichten

Seit dem Jahr 2006 sind weitere Arbeitsgruppen gebildet worden, die Anwenderbedingungen für Beleuchtungsanwendungen, Gefahrenmeldetechnik, Netzwerksicherheit, Energieversorgung und spezialisierte Formen bearbeiten und Standards weiterentwickeln. Diese Weiterentwicklungen führen zu einer enormen Erweiterung des Umfangs im BACnet-Netzwerk. Diese Arbeitsgruppen sind von der ASHRAE als „Standing Standard Project Committee" gegründet.

Man rechnet damit, dass sich der europäische Markt ähnlich dem US-amerikanischen verhält und bis 2010 sich die Zahl an zertifizierten Produkten verdoppelt.

4. SCHLUSSBEMERKUNG

Durch die Schaffung einer Übereinkunft der Interessensgruppen im Gebiet der Gebäudeautomatisierung konnte eine bemerkenswerte Basis geschaffen werden. Die Basis ermöglicht allen Teilnehmern in Markt Vorteile zu erhalten und Mehrwerte zu generieren.

Da der Aspekt einer gesamthaften Mitwirkung aller Beteiligter nie erreicht werden konnte wurden vorhergehende Projekte im Keim erstickt. Enorme monetäre und auch ressourcenintensive Aufwände für Systemkopplungen sind durch die Schaffung von BACnet beseitigt und werden einfach in die Tat umgesetzt.

Der Besitz einer Lizenz für die Herstellung von BACnet-konformen Geräten kann jedoch keine Interoperabilität gewährleisten. Die Hersteller sind natürlich auch darauf bedacht Mehrleistungen für bestehende Systeme zu erwirtschaften, wodurch hier absichtlich Einschränkungen des Standards generiert werden. Durch die winzigen Bewegungsspielräume in der Norm können diese passieren. Dies führ wiederum dazu, dass für Fremdkopplungen wiederum Aufwände notwendig sind. Weiters bedingen Systemkopplungen weiterhin das wollen beider Partner, was durch echtes „nativ" BACnet erläßlich währe.

Man kann jedoch durch Einsatz von BTL-zertifizierten Devices verhindern das diese Probleme auftreten. Mit der Zertifizierung wird erreicht, dass sich innerhalb der Norm zwischen „echtem" und „normalem" BACnet unterschieden werden kann. Trotz dieses Punktes ist der Einsatz von BACnet jeden Falls empfehlenswert, da auch bei den nicht zertifizierten Geräten eine Kopplung wesentlich leichter ist als bei proprietären Systemen.

Anhang/Ergänzende Informationen

ABBILDUNGSVERZEICHNIS

TABELLENVERZEICHNIS

LITERATURVERZEICHNIS

Bücher

[Kra06]   Hans R. Kranz (2.Auflage 2006), Promotor Verlags- und Förderungs-GesmbH, Karlsruhe. BACnet Gebäude-Automation

Normen

[ISO93]   DIN ISO/IEC 2382-26:1993 OSI

[DIN05]   DIN EN ISO 16484-3 Ausgabe: 2005-12, Systeme der Gebäudeautomation (GA)

Internet

[BIG07]   BACnet Interest Group Europe Internetauftitt www.big-eu.org (Stand 29.09.2007)